Originally published by Ateliers Henri Peladan, 1946

Re-printed June 2018 by:
Northern Bee Books
Scout Bottom Farm
Mytholmroyd
Hebden Bridge
HX7 5JS (UK)

www.northernbeebooks.co.uk
Tel: 01422 882751

ISBN: 978-1-912271-26-9

Printed by Lightning Source, UK

La ruche de Layens modernisée

TROISIÈME ÉDITION

JEAN HURPIN

LA RUCHE DE LAYENS MODERNISÉE

LE MAXIMUM DE RENDEMENT
POUR LE MINIMUM DE SOINS ET D'ENTRETIEN

1946

AVANT-PROPOS

Ce petit livre n'est pas un traité général d'Apiculture. C'est simplement une étude sur les conditions rationnelles de la vie et du travail des abeilles dans les ruches, selon les dispositions et les aménagements des rayons et des ruches elles-mêmes.

Notre but est de dégager les enseignements et les leçons dont nous permet de bénéficier un bon siècle d'expérience et de pratique des ruches à cadres, afin d'améliorer à la fois notre technique apicole et le rendement de nos ruchers.

Le Progrès est une loi naturelle qui se manifeste dans tous les domaines. La science et l'industrie humaines ne font que suivre cette loi, sans doute avec des remous, des reflux momentanés, mais finalement et toujours dans la direction du mieux, en avant.

Dans notre industrie de l'Apiculture, un immense progrès a été accompli pendant le dix-huitième siècle, par les travaux, les observations et les recherches de Swammerdam, de Réaumur, et finalement de François Huber. N'oublions pas que nos modernes ruches à cadres, véritables usines à miel, n'ont été rendues possibles que par la géniale découverte de Huber, le rayon mobile. Tous les progrès ultérieurs ont eu cette invention pour point de départ.

Mais ne perdons pas non plus de vue que, lorsqu'il réalisa cette invention, Huber s'appliqua en même temps à donner à l'encadrement du rayon des abeilles les dimensions naturelles et rationnelles que ses patientes observations lui avaient révélées être les plus conformes à la vie de la colonie.

Plus tard, quand M. de Layens perfectionna la ruche « à feuillets » de François Huber pour en faire une véritable ruche à cadres mobiles, s'il améliora le système de mobilité des rayons, il se garda bien d'en changer les dimensions parce qu'il se rendit compte que l'harmonie des proportions des rayons de la ruche était nécessaire au bon ordre de la Cité comme à la santé et à l'hygiène de ses habitantes.

Il nous importe peu de savoir si la ruche « de Layens » fut réellement la première ruche à cadres présentée au monde apicole, ou si ce fut celle de M. Debeauvoys ou celle du pasteur Dzierzon. Ces trois modèles eurent sans doute des débuts simultanés ; mais en France, ce fut la ruche de Layens qui eut le plus de succès, le plus de vogue, et qui resta pendant longtemps le type classique de la ruche à cadres.

Depuis un peu plus de cent ans, de très nombreux modèles de ruches ont été inventés, un peu à cause des inconvénients reprochés à la ruche de Layens, et beaucoup sans doute parce que des esprits particularistes ou entreprenants voulaient faire encore mieux que leurs devanciers et, l'illusion aidant, croyaient pouvoir atteindre la perfection.

Un philosophe a dit quelque part que la perfection n'est pas de ce monde. Je ne sais si cela est vrai, mais il est certain, en ce qui concerne nos ruches modernes, que les centaines de modèles inventés depuis le début du mobilisme ont, tous, leurs avantages et leurs inconvénients. Il n'entre pas dans mes intentions de faire ici la critique de tel ou tel système. J'ai d'ailleurs proclamé bien des fois que ce n'est pas la ruche qui fait le miel, mais bien la colonie d'abeilles qui est dans la ruche. J'attache beaucoup plus d'importance à la valeur de la colonie, à sa force, aux qualités de sa reine, qu'aux particularités de la ruche elle-même.

Cependant, j'ai pu me rendre compte, et des milliers d'apiculteurs s'en sont rendu compte aussi bien que moi, que le développement d'une colonie d'abeilles est souvent conditionné par l'aménagement judicieux de la ruche qui lui sert d'habitation. Si la ruche, par elle-même, n'influe que très peu sur la récolte du miel, elle a, par contre, beaucoup d'influence sur les possibilités de développement de la colonie d'abeilles qu'elle abrite, de sorte que, indirectement, elle est tout de même un facteur important au point de vue rendement.

C'est précisément parce que de nombreux observateurs ont remarqué que les abeilles se comportent beaucoup mieux, au point de vue santé, vigueur, aptitudes à l'élevage précoce, dans la ruche de Layens que dans n'importe quel autre modèle. que l'on a essayé de remédier aux désagréments de la Layens primitive. J'ai participé de mon mieux, depuis quelques années, à des expériences suivies et répétées, et j'en suis arrivé à établir deux points essentiels : 1° les abeilles hivernent très normalement, sans pertes, sans nourrissement, sans risque de maladie, sur le cadre à couvain de Layens 31 × 37 ; l'élevage du couvain au printemps commence plus tôt et se développe davantage que sur des cadres à couvain plus bas ; la production de miel, tant à récolter que pour les provisions de l'hiver suivant est sensiblement plus élevée : 2° il est possible d'aménager la ruche de

Layens, en conservant le cadre à couvain normal, et en lui adjoignant des hausses ou des magasins latéraux avec des demi-cadres plus espacés, donnant des rayons épais et permettant la récolte facile du miel.

Il résulte des observations faites depuis plusieurs années et soigneusement notées que la ruche de Layens modernisée procure le maximum de rendement en miel avec le minimum de soins et d'entretien. C'est ce que je vais m'efforcer de démontrer dans ce petit livre.

J. H. (1941).

Note pour la troisième édition

Je n'aurais jamais supposé que cette étude relative à un modèle de ruche connu depuis fort longtemps, et d'ailleurs délaissé par beaucoup d'apiculteurs, susciterait un mouvement d'intérêt aussi important.

Les deux premières éditions de ce petit livre m'ont valu un grand nombre de correspondances, puis des visites de collègues désirant se documenter. Cette vogue renaissante pour le cadre de Layens est très curieuse à observer ; elle montre qu'il fallait peu de chose, quelques améliorations techniques, pour redonner à de vieux principes toujours vrais leur jeunesse et leur force.

Il est probable qu'avec le retour à des conditions économiques normales et la facilité retrouvée de se procurer le bois et les diverses fournitures nécessaires, des apiculteurs de plus en plus nombreux construiront des ruches de Layens modernisées, et nous le souhaitons, pour le plus grand bien de l'Apiculture française.

J. H. (1944).

La ruche de Layens modernisée

CHAPITRE PREMIER

Avantages du rayon, du cadre
et de la ruche de Layens

A) **Hivernage.** — Nous savons que les abeilles hivernent en une grappe compacte et serrée, au centre de leur ruche, sur les rayons à peu près vides du nid à couvain, et immédiatement au-dessous des réserves de miel qu'elles ont concentrées dans le haut des rayons. Plus le froid est rigoureux, moins il y a de mouvement dans le groupe en hibernation ; les abeilles du centre de la grappe accomplissent un lent mouvement de montée vers les cellules garnies de miel ; elles se gorgent du précieux aliment et dégagent des calories qui leur permettront de redescendre par la périphérie du groupe dont la température est plus froide. Ce mouvement lent et continu se prolonge pendant toute la période du demi-engourdissement hivernal.

Si le cycle de cette vie ralentie se développe en un mouvement alterné des abeilles de bas en haut par le centre et de haut en bas par l'extérieur de la grappe, il ne se déplace que très peu, et souvent difficilement, dans le sens latéral des rayons, Lorsque la température n'est pas trop rigoureuse, les abeilles peuvent franchir un rayon, occuper une nouvelle ruelle, et trouver ainsi un nouveau stock de vivres à leur portée ; mais si le froid est intense, le groupe vivant prend et garde une position de momie, ne se déplaçant insensiblement que vers le haut des rayons plus du tout latéralement.

En période de grand froid, toute abeille qui se détache du groupe central est immédiatement congestionnée et meurt.

Dans une ruche dont les rayons du centre ne comportent pas de miel dans le haut, les abeilles arrivées au sommet de ces rayons vides restent immobiles et meurent de faim, même si des rayons voisins sont encore bien pourvus de miel.

De multiples et récentes observations nous ont permis de comparer la bande de miel concentrée par les abeilles, avant l'hivernage, dans le haut des

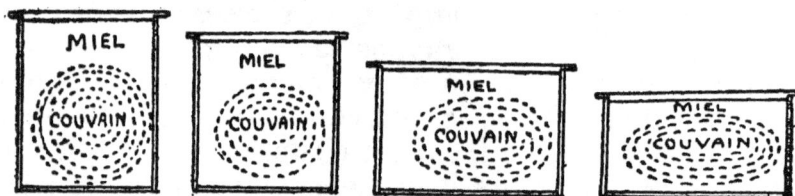

Schéma de la répartition du couvain et du miel dans les cadres des ruches : de Layens, Voirnot, Dadant, Langstroot.

rayons. La moyenne des hauteurs de ces réserves (sur 5 rayons du centre de chaque ruche) est de 6 centimètres pour le cadre Dadant, 9 centimètres pour le cadre Voirnot, et 12 centimètres pour le cadre de Layens. Il est vrai que la longueur de la bande de miel est plus grande pour le cadre Dadant, mais l'intérêt de la réserve est surtout dans la quantité concentrée au-dessus du groupe hivernal non sur le bout du rayon ou sur les autres rayons des côtés.

On a quelquefois trouvé à la fin de l'hiver, des colonies entières mortes de faim au centre de leur ruche, alors qu'il restait plusieurs rayons de miel sur les côtés. Ces accidents se sont produits sur des ruches à cadres bas, jamais sur des Layens, dont la hauteur du cadre, 37 %, permet toujours le logement des provisions à l'endroit exact où elles doivent se trouver naturellement, au-dessus du groupement des abeilles.

A côté de cette disposition favorable des provisions, il convient de faire état de la concentration de la chaleur, bien plus facile à provoquer et à conserver dans un logement haut et étroit que dans un espace bas et large.

B) **Répartition du couvain et des vivres.** — Nous savons que la position physiologiquement normale d'une colonie d'abeilles est la forme sphérique. Sans doute, les abeilles possèdent de remarquables facultés d'adaptation et acceptent de travailler dans des espaces de formes diverses et variées, soit en hauteur, soit en longueur. On a vu des essaims naturels, choisissant eux-mêmes leur logis, s'installer entre plancher et plafond, y construisant des rayons de 15 ou 20 centimètres de hauteur sur plus de 1 mètre de long, ou inversement, dans un arbre creux, établir des bâtisses étroites sur plus de 1 mètre de haut. Mais ces cas plutôt exceptionnels ne détruisent nullement le principe général de la disposition des travaux des abeilles. Lorsqu'un essaim est installé dans un très grand espace qu'il ne peut remplir entièrement de ses bâtisses, celles-ci sont édifiées naturellement en forme de sphère un peu allongée en hauteur, et si nous voulons enfermer dans les cadres d'une ruche les rayons ainsi construits sans contrainte, nous nous apercevons que leurs proportions correspondent très exactement aux dimensions du cadre de Layens,

37 × 31 ‰, le couvain occupant les deux tiers environ
dans le bas des rayons du centre, le miel le tiers
supérieur au centre, et davantage sur les rayons des
côtés. Mais le couvain reste en forme exactement
sphérique, ce qui est d'ailleurs la disposition la meilleure pour bénéficier de la chaleur qui est nécessaire
à son développement.

C) Développement au printemps. — Lors de la
visite de printemps, lorsqu'on a l'occasion de visiter
des ruches de plusieurs modèles, on est frappé par
le développement de l'élevage du couvain dans les
ruches Layens, bien plus avancé que dans les autres
ruches. Après avoir constaté ce fait à plusieurs repri-
ses, nous en avons recherché les causes et nous
croyons pouvoir en donner les explications suivan-
tes : 1° l'hivernage a été parfait. les abeilles n'ont
souffert ni du froid, ni de la limitation des provisions;
il n'y a pas eu de mortalité excessive ; 2° la concentration de la chaleur, même au cœur de l'hiver, a
permis de commencer très tôt la ponte de la reine,
puis d'étendre rapidement l'élevage sur des surfaces
de rayons assez larges ; 3° l'abondance des provisions,
n'imposant aucune économie ni restriction, a porté
à son maximum l'utilisation des qualités prolifiques
de la reine et l'activité des nourrices.
Il s'ensuit que, dès le début de la grande miellée,
la population d'une ruche Layens atteint a peu près
son maximum, et dans tous les cas, se trouve dans
les conditions les plus favorables pour profiter des
ressources mellifères possibles.

D) Nécessités de nourrissement très rares. — Au
moment de la récolte du miel, on est presque obligé
de ne pas toucher aux cadres à couvain, contenant
en même temps du couvain au centre et dans le bas,
et du miel dans le haut ; les quantités de miel emma-

gasinées dans ces grands cadres sont généralement importantes, c'est-à-dire de 2, 3 et 4 kilos sur certains cadres, de sorte que les 7, 8 ou 9 cadres du centre contiennent vingt kilos et plus de provisions d'hiver.

Ceci donne à l'apiculteur une sécurité parfaite quant à l'hivernage de ses pensionnaires; il est assuré de ne pas avoir besoin de nourrir, ni à l'automne, ni au printemps suivant. Un vieux maître de l'Apiculture a dit « si ce sont les abeilles qui font le miel, c'est aussi le miel qui fait les abeilles ». Cet axiome explique pourquoi les colonies largement pourvues de vivres développent plus tôt et plus amplement l'élevage du couvain dès la fin de l'hiver ; les riches provisions permettent les grosses populations, lesquelles donneront à leur tour de fortes récoltes ; tout se tient dans l'économie de la ruche.

Dans les années de disette, quand la miellée a fait défaut, il arrive qu'on soit obligé de nourrir à l'automne, mais ces cas sont très rares en ce qui concerne les ruches de Layens, parce que le peu de miel qui a pu être recueilli par les abeilles a été logé dans le haut des cadres du centre, que l'on ne récolte pas. Même si l'apiculteur ne peut rien récolter du tout, il a au moins cette consolation que ses abeilles ont de quoi passer l'hiver.

———

Nota. — Nous n'avons parlé, dans ce premier chapitre, que des avantages du cadre de Layens par rapport à sa forme et à ses dimensions et des rapports qui existent entre le conditionnement du logement des abeilles et la vie de la colonie.

D'autres avantages, très importants, peuvent être obtenus par un aménagement plus judicieux des rayons, sans rien changer au nid à couvain, mais en disposant d'une manière plus pratique les parties de la ruche destinées à la récolte du miel. C'est le but de ce que nous appelons la « modernisation » de la ruche de Layens ; nous examinerons ces transformations et les avantages qui en résultent, après avoir étudié les inconvénients du type primitif, et les raisons qui les ont déterminées.

CHAPITRE DEUXIÈME

—

Inconvénients et désagréments de la ruche de Layens

Je suis de ceux qui ont longtemps critiqué la ruche de Layens, à laquelle je reprochais de nombreux désagréments. Je dois dire tout de suite que les premières ruches Layens que j'ai eu l'occasion de voir m'avaient fâcheusement impressionné par la façon dont elles étaient tenues.

Lors de mes débuts en Apiculture, voici un peu plus de 40 ans, j'étais allé faire la connaissance d'un brave homme, instituteur d'un village voisin, que l'on m'avait indiqué comme « amateur d'abeilles ». Ce monsieur me reçut fort aimablement et me fit visiter son rucher, composé de quelques ruches de Layens à 20 cadres, c'est-à-dire du type classique et primitif. Ces ruches, déjà usagées et en assez mauvais état, étaient posées en équilibre instable sur des piquets branlants, dans un coin du jardin bien garni d'orties et de ronces. L'aspect extérieur, peu brillant, était confirmé par le contenu des ruches ; les cadres, fortement propolisés, irrégulièrement espacés, contenaient des rayons très vieux, noirs et mal construits, avec beaucoup de cellules de bourdons ; les populations étaient quelconques, mais avec une belle proportion de mâles. Il y avait du miel dans le haut des rayons, surtout sur les côtés, mais comme les rayons étaient noirs et mal conformés, le miel n'avait pas bonne façon.

Bref, mon impression ne fut guère favorable, ni sur le rucher, ni sur l'apiculteur, ni sur le modèle de ruche que j'avais visité.

Plus tard, quelques collègues, qui exploitaient des ruches de Layens, m'en disaient grand bien, se trouvant satisfaits des résultats qu'ils en obtenaient, mais reconnaissant cependant que la manipulation des grands cadres n'était pas facile et que, pour la récolte du miel, le travail du désoperculage était assez lent et désagréable.

Enfin, peu de temps après la guerre de 1914-18, j'eus plusieurs fois l'occasion d'aller chez un ami apiculteur, qui avait dans son rucher des ruches de plusieurs modèles, mais en particulier des « Layens à hausse », dont il me vantait les mérites, pour l'hivernage, pour la récolte, pour la tranquillité du patron, etc.

Cela commença à me faire réfléchir, et je me promis d'étudier la question de plus près.

J'ai longtemps observé ce qui se faisait chez mes collègues ; j'ai pris de nombreuses notes et j'ai recueilli des témoignages variés. Ensuite, j'ai fait des expériences sur quelques ruches, comparativement avec d'autres et, finalement, j'ai tiré des conclusions, nullement définitives sans doute, mais assez précises et objectives pour être utiles et pour servir au progrès de la technique apicole.

Avant d'aller plus loin, passons en revue les désagréments et les inconvénients reprochés à la ruche de Layens, au type primitif bien entendu, à la grande ruche horizontale dont les 20 cadres 31 × 37 sont tous sur le même plan, avec espacement uniforme de 35 ou de 36 ᵀ de centre à centre.

A) **Cadres lourds, peu maniables**. — Si les abeilles sont fort à leur aise sur les rayons des cadres de Layens, l'apiculteur ne trouve pas aussi aisé de déplacer et de manipuler ces grands cadres. Ceux qui sont chargés de miel sont lourds ; pour peu qu'ils soient irrégulièrement construits, qu'ils présentent des parties convexes et saillantes, il est difficile de les sortir sans arracher plus ou moins la surface, sans faire couler du miel.

Une fois les cadres des extrémités enlevés, il devient certainement plus facile de déplacer les suivants ; cependant, s'ils sont très garnis d'abeilles, celles-ci risquent souvent de se voir froisser et même écraser entre les parois de la ruche et les montants des cadres ; en tous cas, il faut beaucoup d'attention et d'adresse pour opérer sans dommage pour les abeilles et sans piqûres pour l'apiculteur.

S'il ne s'agit que de la récolte du miel, seuls les cadres des extrémités, moins garnis d'abeilles, ont besoin d'être déplacés, mais lorsqu'on doit faire une visite générale d'une ruche très peuplée, c'est vraiment un travail pénible et difficultueux.

B) **Espacement des rayons**. — Un des principaux griefs que j'ai souvent formulé à l'égard du cadre de Layens dans la ruche « horizontale », c'est que tous les cadres sont uniformément espacés, à 35 ou 36 de centre à centre, ce qui est parfaitement normal pour l'élevage du couvain, mais en revanche très insuffisant pour l'emmagasinage du miel.

Dans les ruches à hausse, on a précisément remédié à ce défaut, en écartant davantage les demi-cadres placés dans les hausses, afin d'obtenir des rayons de miel plus épais. Le résultat est que la même quantité de miel se trouve logée dans moins de rayons, d'où économie de travail pour les abeilles et aussi pour l'apiculteur.

En outre, dans des rayons plus espacés (40 à 45 ᵐ/ᵐ) les cellules étant plus profondes, la reine a moins de tendance à déposer ses œufs, et les abeilles à emmagasiner du pollen. Dans des rayons épais, non seulement il y a plus de miel sur une surface égale, mais encore on risque moins de trouver des cellules de couvain ou de pollen dans les rayons à extraire.

C'est pourquoi les cadres de la ruche Layens horizontale, avec leur petit espacement uniforme, présentent une disposition préjudiciable à l'emmagasinage du miel.

C) **Difficulté de désoperculage et d'extraction.** — Lors de la récolte, le travail le plus fastidieux est certainement le désoperculage des rayons de miel. Mais s'il s'agit de petits cadres de hausses, que l'on tient à la main sur la cuve à désoperculer, et si les rayons sont épais et dépassent largement le bois des cadres, il est encore facile de passer le couteau en tranchant d'une seule fois toute la couche d'opercules ; cela va ainsi relativement assez vite.

Il n'en est pas de même pour les grands cadres de Layens parce que : 1° leur poids ne permet guère de les tenir d'une main ; 2° leur surface ne peut être désoperculée par le passage du couteau en une seule fois ; 3° et surtout leur trop faible épaisseur de rayon présentant des parties en retrait du bois du cadre exige un désoperculage par fraction de surface, donc assez long et délicat. Les apiculteurs qui récoltent sur des grands cadres de Layens utilisent d'ailleurs le chevalet à désoperculer, qui supporte le cadre pendant l'opération.

Nous serons très près de la vérité en disant que, pour une même quantité de miel à extraire, il faut environ trois fois plus de temps pour désoperculer des grands cadres de Layens, que des cadres de hausses de ruches verticales.

D) **Récolte plus tardive. Miel moins beau.** — La disposition des cadres dans la ruche de Layens horizontale est excessivement favorable à l'extension de la ponte de la mère et de l'élevage du couvain sur un très grand nombre de rayons. Nous avons vu que le cadre de Layens se prête admirablement au logement du miel dans le haut et à l'élevage du couvain dans le bas. Mais si 20 rayons semblables sont alignés sur le même plan, sans séparation ni obstacle, il y des chances pour que le couvain s'étende, sinon sur tous les rayons, mais sur presque tous. Et même, si les rayons des extrémités ne contiennent pas de couvain, il est bien rare qu'ils ne soient pas encombrés plus ou moins de pollen.

Ce fait, pour très naturel et explicable qu'il soit, n'en constitue pas moins un grave inconvénient pour la récolte du miel. On ne peut évidemment pas prélever dans une ruche des cadres contenant du couvain, même s'ils sont très garnis de miel dans le haut; il faut attendre que le couvain soit complètement éclos et non renouvelé, ce qui conduit assez tard en saison, généralement en Août, parfois en Septembre.

De sorte que le miel de printemps (acacia, sainfoin, crucifères), se trouve forcément récolté en même temps que les miels de l'été (châtaigniers, bruyères, etc.). La couleur et la qualité sont uniformisées asns qu'il ait été possible de mettre à part le miel le plus clair, le plus fin, le meilleur.

En outre, le miel ayant séjourné dans des cellules brunes ou noires, après élevage du couvain, est aussi plus coloré, de goût plus fort. La qualité générale du miel récolté dans les grands cadres de Layens est forcément un peu inférieure ; c'est un fait reconnu par tous. Des collègues qui exploitent des Layens horizontales m'ont dit bien des fois que ces ruches rapportaient souvent un peu plus en quantité que d'autres systèmes, mais que la qualité du miel était moins belle que celle du miel des ruches à hausses, dont les petits cadres n'avaient pas contenu de couvain, et avaient été récoltés plus tôt.

CHAPITRE TROISIÈME

—

Recherche d'une solution

Si les Américains, gens pratiques, acceptent volontiers une discipline industrielle, c'est-à-dire des machines, des outils, des objets divers, de types standardisés, les Français, au contraire, diversifient les modèles de tout ce qu'ils fabriquent ou utilisent, par esprit particulariste, par goût de l'originalité, de la nouveauté, et aussi du progrès. Est-ce un bien, est-ce un mal ? C'est, en tout cas, ce qui se passe.

En ce qui concerne les ruches, notamment, malgré les efforts maintes fois tentés d'unifier les différents modèles dans le but de faciliter la fabrication et les échanges, nous continuons d'assister fréquemment à l'éclosion de modèles nouveaux qui, naturellement et selon leurs inventeurs, possèdent toutes les qualités, toutes les vertus.

Sans doute, cette émulation est un bien, puisque tout progrès ne peut naître que de recherches et d'expériences, mais j'ai souvent pensé qu'il y avait là une sorte de gaspillage de travail et de temps. D'ailleurs, et ceci dit sans vouloir faire de peine à personne, beaucoup de ces mirobolantes ruches nouvelles sont rapidement tombées dans l'oubli, sans avoir intéressé beaucoup de monde, en dehors de l'inventeur ou du fabricant.

Les observateurs et les chercheurs les plus sérieux se sont généralement cantonnés dans des perfectionnements de détail des types existants. C'est ce qui s'est passé pour la ruche de Layens.

Reconnaissant les avantages indiscutables du cadre de Layens, on a cherché à en conserver le bénéfice, tout en éliminant les inconvénients de la ruche horizontale du type primitif.

Ce travail de synthèse, patiemment poursuivi depuis longtemps par d'habiles apiculteurs, a donné naissance à la Layens à hausse. J'ai relaté comment j'avais moi-même été séduit par ce type de ruche, que j'ai adopté depuis de nombreuses années.

La « Layens à hausse » possède en effet tous les avantages de la Layens primitive, pour l'hivernage, la parfaite hygiène des abeilles, le développement précoce de l'élevage et l'obtention de grosses populations ; elle n'a pas les inconvénients de la Layens horizontale, mais permet au contraire la récolte facile de miel très beau, comme dans les ruches à cadres plus bas, du type vertical. En outre, elle est supérieure aux autres types de ruches, tant pour le rendement que pour la santé des abeilles et la tranquillité de l'apiculteur.

Plusieurs correspondants, des débutants surtout, peu au courant des mœurs des abeilles, m'ont posé la question de savoir si la hauteur du cadre de Layens et la bande de miel du haut des cadres à couvain ne seraient pas des inconvénients à l'accès facile des abeilles dans les hausses ?

A cela, il m'a été facile de répondre que l'expérience prouve que les abeilles montent dans la hausse d'une Layens, et même dans plusieurs hausses superposées, tout aussi bien que dans les hausses des ruches à cadres plus bas. Ce qui détermine les abeilles à monter travailler dans les hausses, c'est avant tout la miellée. Quand la miellée donne abondamment, les butineuses apportent à la ruche tant de nectar que la hauteur des cadres à couvain n'est nullement un obstacle à l'emmagasinement de ce nectar dans les hausses, quelle que soit la hauteur du rez-de-chaussée de la ruche.

Avec des Layens à 9 grands cadres, dès que les populations sont devenues assez fortes et que la miellée est commencée, il arrive que la première hausse soit rapidement remplie ; on doit en ajouter une seconde. En année normale, beaucoup de mes ruches ont deux hausses au début de juin. En 1944, qui fut une année particulièrement mellifère dans la contrée que j'habitais alors, ma meilleure ruche, parce qu'elle était peuplée d'une colonie exceptionnelle, avec une reine d'un an, m'a donné une récolte « record » (64 kilos). Or, cette ruche avait 3 hausses superposées ; elle avait plus d'un mètre de haut et ressemblait à un gratte-ciel américain. Quand j'ai fait la récolte du miel, le 1er Août, j'ai trouvé les trois hausses absolument complètes, sans une cellule vide, aussi bien la troisième que la première.

Cet exemple n'est pas cité ici pour mettre en évidence les possibilités de production des plus fortes colonies et des reines de choix (production d'ailleurs exceptionnelle et qu'il ne faudrait pas prendre comme une moyenne courante) mais seulement pour démontrer que les abeilles entreposent facilement le miel à plus de 1 mètre au-dessus du plancher de la ruche, quand il y a du miel ; toute la question est là.

J'ai fait une autre expérience de transformation de la Layens horizontale, qui m'a donné d'excellents résultats ; c'est encore une ruche horizontale en ceci qu'elle n'a pas de hausse et que tous les cadres sont sur le même plan, mais elle diffère essentiellement de la Layens primitive, en cela qu'elle comporte un nid à couvain central composé de cadres 31×37, et un magasin latéral de chaque côté, avec des demi-cadres espacés à 45 ^{m} pour la récolte facile du miel.

Ces deux systèmes, quelque peu différents par la

disposition de leurs cadres et demi-cadres, ont cependant un point commun : la nette délimitation entre le nid à couvain composé de 9 ou 10 grands cadres 31 × 37, et un local complémentaire destiné à la récolte, avec des demi-cadres 31 × 18 $\frac{m}{m}$. Les grands cadres a couvain sont espacés à 38 $\frac{m}{m}$ de centre à centre, espacement préférable à 35 ou 36 $\frac{m}{m}$ tant au point de vue aération, circulation facile des abeilles, diminution des risques d'essaimage, que pour la commodité de manipulation par l'apiculteur. Les demi-cadres sont espacés à 43, 44 ou 45 $\frac{m}{m}$ ce qui donne des rayons de miel très épais, faciles à désoperculer, et supprime presque complètement l'inconvénient du couvain, la reine ne pouvant guère déposer ses œufs dans des cellules profondes.

D'ailleurs, aussi bien dans la ruche de Layens à hausse que dans la ruche de Layens à magasins latéraux, le haut des grands cadres étant généralement garni de miel sur une bonne surface, la reine ne franchit pas cette barrière pour aller pondre dans les rayons des demi-cadres, désagrément assez fréquent dans les ruches à cadres plus bas, comme la Dadant, où le couvain remplit parfois toute la hauteur des grands cadres et déborde dans la hausse.

Dans la Layens à hausse, il est préférable d'enlever la hausse au début de l'hiver, comme cela se pratique sur toutes les ruches verticales, ceci dans le but d'éviter la déperdition de chaleur par le haut. Par contre, dans la Layens à magasins latéraux, on peut sans inconvénient laisser les demi-cadres toute l'année, parce que le nid à couvain se trouve abrité à sa partie supérieure par le coussin posé directement sur les cadres. Il n'y a pas à craindre de refroidissement par les côtés, et les abeilles se chargeant parfaitement de la surveillance et de la conservation des rayons, l'apiculteur n'a aucun souci à leur sujet.

La question de la capacité des ruches est conditionnée par plusieurs causes : la région et sa valeur mellifère, la race d'abeilles adoptée, les méthodes suivies et, par-dessus tout, les idées et les conceptions particulières de chaque apiculteur. En général, il semble bien que les meilleurs professionnels utilisant des Layens à hausses ont adopté le nid à couvain de 9 ou de 10 grands cadres 31×37, avec 8 demi-cadres 31×18 dans chaque hausse, étant entendu que dans les très bonnes années, les fortes ruches peuvent recevoir deux hausses.

Pour mon compte, après de nombreuses observations comparatives, je me suis arrêté à la capacité d'un nid à couvain de 9 cadres de Layens, ce qui donne un volume intérieur de 51 litres 1/2. Les 9 grands cadres 31×37 donnent une surface totale de rayons de 103 décimètres carrés comportant en tout 82.000 cellules. Les plus fortes colonies, les reines les plus prolifiques, trouvent dans un tel logis la place suffisante pour développer l'élevage et pour emmagasiner d'importantes provisions. Pendant la saison active et dès le début de la miellée, chaque ruche étant agrandie par la pose d'une hausse, parfois de deux, les butineuses ne manquent jamais de place pour déposer le miel nouveau. Une hausse de 8 demi-cadres, complètement remplie, donne 18 à 20 kilos de miel, ce qui est déjà une moyenne appréciable. Dans les bonnes années, certaines fortes colonies remplissent deux hausses, ce qui n'empêche pas les provisions d'hiver de s'équilibrer aux environs de 20 kilos dans les grands cadres de chaque corps de ruche.

Mes nouvelles ruches de Layens à magasins latéraux comportent un nid à couvain central de 9 grands cadres de 31×37 également et de chaque côté un magasin de cinq demi-cadres espacés à 45 ᵐ, soit en tout 19 cadres sur le même plan ; mais les 9 grands cadres seulement descendent jusqu'en bas de la ruche, alors que les demi-cadres des côtés n'occupent que la moitié supérieure de la hauteur, le vide au-dessous étant cloisonné par un coffre fermé.

Les dix demi-cadres de ces ruches peuvent fournir un peu plus de 20 kilos de récolte ; je n'en demande pas plus, souhaitant simplement qu'ils soient tous bien pleins, sinon chaque année, mais assez souvent.

J'ai été conduit à imaginer ce système pour un de mes ruchers, situé à 60 km. de chez moi et où je ne puis guère me rendre qu'une fois par an, vers juillet-août. Ne pouvant assurer la pose des hausses en temps voulu au printemps ni les enlever au début de l'hiver, j'ai pensé à cette disposition qui permet de replacer les demi-cadres dans la ruche aussitôt la récolte, laissant aux abeilles le soin de les conserver en bon état. Il n'y a aucun risque de refroidissement du nid à couvain, lequel est couvert par un bon coussin ; les greniers latéraux ne sont pas séparés du corps de ruche, les abeilles y ont accès en tout temps, mais le centre de la ruche se trouve parfaitement protégé contre le froid possible par les multiples cloisons que forment les rayons de cire.

Dans ma région méridionale, la fausse-teigne peut se propager rapidement et causer de grands dégâts. Des collègues apiculteurs ont construit des locaux spéciaux, en ciment armé, avec double porte assurant l'herméticité, pour conserver les rayons vides après la récolte ; un récipient contenant du sulfure de carbone est disposé au centre de ces chambres closes, afin que les vapeurs qui s'en dégagent tuent immédiatement les vers de teigne qui pourraient éclore. Cette méthode est sans doute très bonne, mais je pense qu'il y a mieux : c'est de charger les abeilles elles-mêmes de la conservation des rayons vides tout au moins pendant la saison de l'activité de la fausse-teigne.

Cette façon de faire exige évidemment de fortes colonies d'abeilles, mais j'estime que pour faire de l'apiculture avantageusement, il faut précisément veiller à n'avoir que de très fortes populations.

Donc, dans mes ruches à greniers latéraux ce sont les abeilles qui conservent les rayons vides après la récolte et jusqu'à la miellée de l'année suivante ; elles s'acquittent admirablement de cette tâche, car jamais trace de fausse-teigne n'est apparue dans ces ruches.

Quant à mes Layens à hausse, je crois préférable d'enlever les hausses au début de l'hiver, afin d'éviter la déperdition de chaleur par le haut, et aussi pour être certain que la reine n'aura pas la tentation de monter pondre dans la hausse au printemps suivant, incident qui arrive très rarement dans ce modèle de ruche mais qu'il est sage néanmoins de ne pas provoquer.

Sachant que la fausse-teigne ne peut vivre et se développer que pendant l'été, et qu'elle n'est guère à craindre pendant l'hiver, à moins d'une température relativement douce, j'ai pris l'habitude depuis fort longtemps, de remettre dans les hausses sur les ruches, les demi-cadres ayant été extraits, le soir de la récolte ; les abeilles les nettoient, réparent les petites brèches, puis les conservent en parfait état pendant le reste de l'été et l'automne.

Vers les premiers jours de novembre, profitant d'une journée calme et douce, j'enlève toutes les hausses, couvrant les cadres des corps de ruche d'une toile de jute et du coussin, mettant ainsi les abeilles en hivernage, et ne devant plus les visiter jusqu'au printemps suivant. Les hausses et leurs petits cadres passent à l'atelier pour une petite revue de nettoyage, grattage de propolis, ensuite les hausses sont empilées et déposées dans un local froid et aéré. Au-dessous de chaque pile de hausses, un cadre de bois garni de toile métallique permet le passage de l'air, tout en interdisant l'accès des souris. Au-dessus de chaque pile, dans une hausse vide, on fait brûler un peu de soufre ; enfin, un couvercle jointif ferme le tout, et les rayons sont assurés d'une conservation parfaite jusque vers la fin d'avril.

Bien que cette digression sur la fausse-teigne sorte un peu du cadre du sujet que nous traitons, je pense que les considérations présentées ici sur la conservation des rayons vides pourront être utiles à beaucoup de mes lecteurs.

Nous avons exposé les principes qui ont permis de « moderniser » la ruche de Layens, en conservant ses avantages et en éliminant ses inconvénients et désagréments ; les solutions données à ce problème ne sont sans doute pas définitives ; mais elles apportent des possibilités de progrès qui nous semblent très importantes et qui méritent d'être prises en considération.

Nous allons étudier maintenant la description et la construction de la ruche de Layens modernisée sous ses deux aspects, d'abord Layens à hausse, ensuite Layens à magasins latéraux. Et puis, nous parlerons un peu de la conduite de ces deux types de ruches et des résultats qu'il est permis d'en attendre.

—

CHAPITRE QUATRIÈME

La ruche « Layens à hausse ». Sa construction

Le but de ce chapitre, avec ses croquis et les mesures précises qui les accompagnent, est de permettre la construction des ruches par les apiculteurs eux-mêmes.

Quand les conditions économiques seront redevenues normales, nos constructeurs professionnels entreprendront certainement la fabrication des ruches de Layens modernisées, tant à hausses qu'à magasins latéraux, selon les principes présentés ici. Mais actuellement, par suite de la pénurie de bois, de quincaillerie, de fournitures de toutes sortes, les fabricants de ruches ne sont pas en mesure de donner satisfaction à ceux de leurs clients qui leur demandent des nouveaux types de ruches.

C'est pourquoi, j'ai voulu donner à ceux de mes collègues qui ont quelque compétence dans le travail du bois la possibilité de construire eux-mêmes des Layens modernisées, pour les expérimenter d'abord, et probablement pour les adopter complètement quand ils se seront rendu compte de leur supériorité.

La ruche Layens à hausse est une ruche du type « vertical » en ce qu'elle s'agrandit par le haut. Le corps de ruche, ou nid à couvain, comporte des cadres de 37 %ₘ de haut sur 31 %ₘ de large, intérieure-

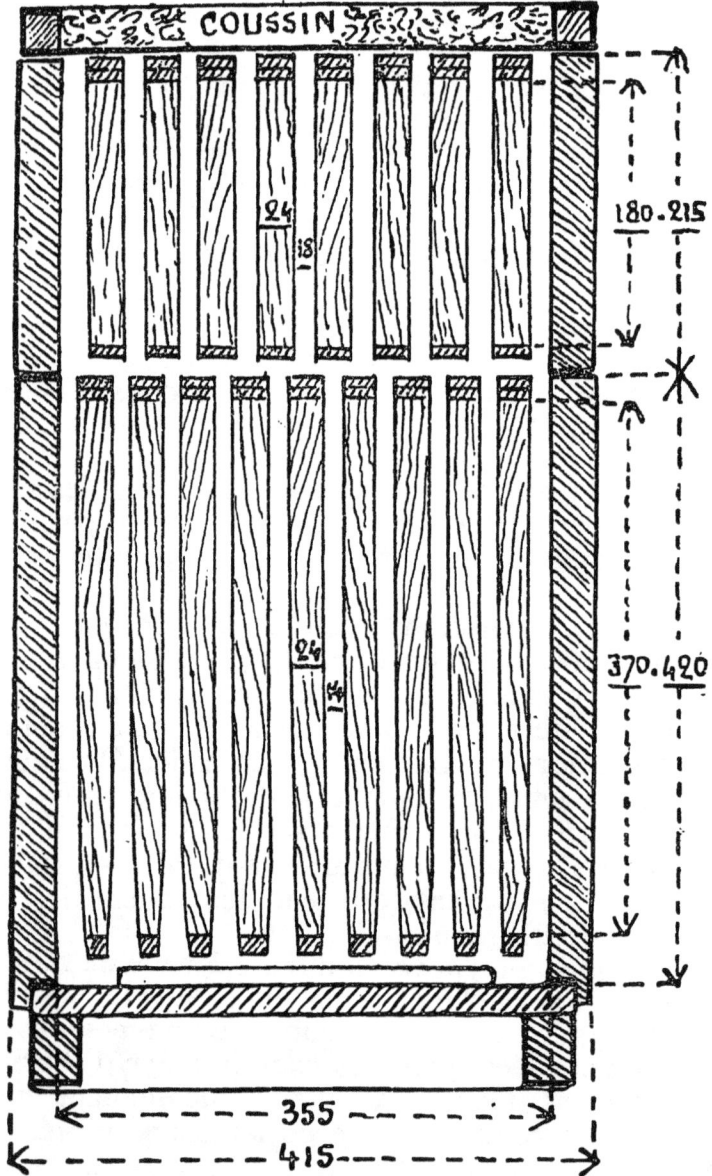

Coupe verticale d'une ruche « de Layens » à hausse

(Mesures côtées en millimètres)

ment ; le nombre de ces cadres peut être de 8 à 12, selon la capacité que l'on veut donner à la chambre à couvain. Nous avons dit précédemment pourquoi le nombre de 9 grands cadres nous avait paru rationnel, c'est-à-dire suffisant pour les besoins d'une forte colonie, et pas trop spacieux afin de mieux conserver la température et pour que les abeilles puissent occuper tous les rayons et les maintenir en bon état, sans fausse-teigne et sans moisissure.

Notre croquis représente une Layens à 9 grands cadres, avec une hausse à 8 demi-cadres 18×31. Mais il va de soi qu'il sera facile, en s'inspirant de ce croquis, de construire des ruches à 10 ou 12 cadres, en modifiant simplement la dimension de la largeur de la ruche. De même, on pourra prévoir deux hausses par ruche, ou plus simplement quelques hausses supplémentaires pour l'ensemble d'un rucher, afin de pouvoir agrandir rapidement, en temps de forte miellée, les ruches les plus actives susceptibles de fournir davantage.

Il est bien rare qu'une ruche à 9 cadres ne soit pas suffisante pour donner assez de place à la ponte de la reine la plus prolifique. Par contre, dès le début de la miellée, le haut des 9 rayons se trouvant assez rapidement garni de miel nouveau, les abeilles montent travailler dans la hausse bien plus tôt qu'elles ne le feraient dans une ruche à 10 ou 12 cadres. Quant aux provisions d'hiver, elles sont toujours largement assurées ; après la récolte des hausses, il reste le plus souvent entre 20 et 25 kilos, parfois même davantage dans chaque corps de ruche.

Le plancher. — Comme pour toutes les ruches à cadres, le plancher est constitué par deux fortes barres de bois, dont l'avant est taillé en plan incliné pour former planche de vol. En donnant à ces barres une longueur totale de 55 ‰ la planche de vol aura

13 à 14 %ₘ. Des planches jointives de 2 %ₘ d'épaisseur et de 395 ᵐᵐ de longueur sont solidement clouées sur les deux barres ; les bords en sont ensuite dressés à la varlope.

Le corps de ruche. — Les panneaux des corps de ruches et des hausses doivent être en bois tendres (sapin, peuplier, tilleul), qui sont plus isolants et plus sains que les bois durs. Les planches utilisées doivent être très sèches et de très bonne qualité, sans gros nœuds, ni fentes, ni défauts sérieux. Leur épaisseur ne doit pas être inférieure à 25 ᵐᵐ mais si on peut disposer de planches de 30 ou 35 ᵐᵐ d'épaisseur, c'est préférable. Notre croquis envisage 30 ᵐᵐ.

Les dimensions intérieures d'un corps de ruche pour 9 cadres Layens sont de 42 %ₘ de hauteur, 355 ᵐᵐ de largeur et 350 ᵐᵐ de longueur (sens de la longueur des cadres). Les panneaux de devant et de derrière doivent donc avoir 415 ᵐᵐ de long sur 420 ᵐᵐ de hauteur ; ils sont entaillés à mi-bois de chaque bout pour être assemblés sur les panneaux de côté ; dans le haut, une feuillure de 8 ᵐᵐ de profondeur sur 15 ᵐᵐ de large est destinée à recevoir les têtes des cadres.

Les panneaux des côtés ont 385 ᵐᵐ de long sur 440 ᵐᵐ de hauteur totale ; une feuillure de 2 %ₘ de hauteur, dans le bas et vers la face intérieure, fait porter ces panneaux sur le plancher, alors que la languette laissée par la feuillure emboîte le plancher et assure la stabilité de la ruche. Il est bon de prévoir une poignée dans le haut de chaque panneau de côté, afin de pouvoir saisir plus facilement la ruche ; ces poignées peuvent être entaillées dans l'épaisseur du bois, à 4 ᵐᵐ du haut sur une longueur de 10 %ₘ environ.

Les hausses. — Les hausses doivent avoir, en plan, les mêmes dimensions que le corps de ruche. La hauteur seule est différente, elle est de 215 ᵐᵐ.

Ruches « de Layens à hausses »

Quelques apiculteurs construisent les hausses en bois plus mince, lorsque la ruche doit être couverte d'un toit-chapiteau très haut, emboîtant la hausse. Ce système suppose une seule hausse par ruche. Nous préférons un toit-chapiteau moins haut (12 %) permettant de loger seulement le coussin, ou le nourrisseur en cas de besoin, mais se plaçant indifféremment sur le corps de ruche ou sur la hausse. Nous prévoyons donc des hausses exactement des mêmes dimensions en plan que le corps de ruche, parce que si nous voulons placer plusieurs hausses sur une ruche, le tout s'étage sans saillie, ni retrait.

La simplicité étant d'une très grande importance, il nous semble préférable de n'ajouter aux ruches et hausses ni couvre-joints, ni auvents, ni aucun accessoire extérieur pouvant retenir l'humidité ou servir de refuge aux insectes et parasites. Les hausses simplement posées sur les ruches ne risquent pas de se déplacer, parce que les abeilles propolisent toujours plus ou moins les joints, ce qui fixe suffisamment les diverses parties de la ruche.

Les cadres et demi-cadres. — Nous avons déjà mentionné les dimensions intérieures des cadres et demi-cadres de la ruche Layens à hausse, 31 × 37 pour les uns, 31 × 18 pour les autres. Les têtes de cadres sont identiques ; ce sont des liteaux soigneusement rabotés et dressés, de 370 ᵐ de longueur totale, sur 24 ᵐ de large et 14 ᵐ d'épaisseur.

Il sont entaillés à mi-bois à chaque extrémité, sur une longueur de 30 ᵐ, laissant ainsi 31 % de longueur intérieure. La partie en prolongement, 30 ᵐ de long sur 7 ᵐ d'épaisseur, forme « l'oreille » qui reposera dans la feuillure supportant le cadre. Les montants du cadre sont cloués dans les deux sens, contre la moitié inférieure de l'épaisseur.

Les montants ou lattes de côté doivent avoir une épaisseur de 7 à 8 ᵐ sur 24 ᵐ de large, leur longueur

est de 390 ᵀ pour les grands cadres, et de 195 ᵀ
pour les demi-cadres.

Les liteaux du bas des cadres ont 31 %ₘ de longueur
exactement, mais leur calibre est différent parce que
les grands cadres ont leurs lattes de côté diminuées
dans le bas, afin de se placer facilement entre les
crampons d'écartement ; les barrettes des bas des
cadres sont donc de 13 à 14 ᵀ au carré environ. Les
lattes du bas des demi-cadres sont identiques aux
lattes des côtés, 7×24 ᵀ parce que les demi-cadres
n'ont pas à se placer entre des crampons, accessoi-
res inutiles dans les hausses.

Espacements et écartements. — Tout en nous con-
formant aux lois naturelles des abeilles en ce qui concerne la disposition des rayons dans les ruches, nous
pensons qu'il est bon de faciliter à la fois la circulation des abeilles, la circulation de l'air dans la ruche,
et aussi la commodité de manipulation des cadres par
l'apiculteur. Pour réaliser ces différents buts, il nous
semble sage de donner aux passages et espaces les
dimensions maxima compatibles avec les habitudes
millénaires des abeilles.

Nous savons par expérience qu'il faut au moins
8 ᵀ de passage entre les parois des ruches et les
montants des cadres, car à moins de 7 ou 8ᵀ les abeilles ne pouvant pas passer, enduisent ces trop faibles espaces de propolis, reliant ain-si solidement les cadres à la ruche. En théorie, ceci est exact, mais en pratique, si on ne laisse que des passages de 8 ᵀ, pour peu que le bois joue, que les lattes des cadres se défor-

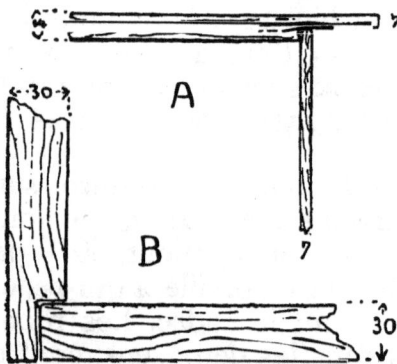

Détails d'assemblages :
A. Tête de cadre — B. Angle de ruche

ment, deux ou trois millimètres sont vite perdus, il y a propolisation et les cadres ne sont plus mobiles, tout se tient.

Par ailleurs, si les abeilles rencontrent dans leurs ruches des espaces vides de plus de 11 ou 12 ᵐ, elles les utilisent souvent en y édifiant de petits rayons de cire, ce qui relie encore les cadres à la ruche, et supprime la mobilité des cadres. Cet inconvénient est peut-être moins grave que le premier, car il est moins difficile de détacher de légers rayons de cire que des blocs de propolis ; mais il est préférable de se tenir dans un juste milieu et d'éviter toute adhérence, d'où qu'elle provienne.

Pour ces diverses raisons, nous avons prévu 10 à 11 ᵐ d'espace libre entre les montants des cadres et les parois intérieures des ruches ; en outre, nous devons veiller, en montant les cadres, à les construire parfaitement d'équerre, de façon qu'il n'y ait jamais d'espace trop grand ou trop réduit. Entre la tête des grands cadres et la latte du bas des demi-cadres de la hausse, nous donnons 9 à 10 ᵐ d'espace. Au-dessous des grands cadres, nous laissons environ 20 ᵐ, ceci pour deux raisons : 1° si les panneaux du corps de ruche se rétrécissent de quelques millimètres sous l'action de la sécheresse, il reste encore un espace suffisant ; 2° et de toutes façons, il vaut mieux un peu plus qu'un peu moins de place, pour la circulation facile des abeilles et le nettoyage du plancher.

Quant à l'espacement des cadres entre eux, on donnait autrefois 35 ou 36 ᵐ de centre à centre ce qui est théoriquement logique pour l'élevage du couvain ; mais de nombreuses observations nous ont montré que l'espacement à 38 ᵐ de centre à centre, est plus avantageux et bien préférable, aussi bien pour la circulation des abeilles, l'aération intérieure (diminution des risques d'essaimage) et pour les manipulations des cadres par l'apiculteur, sans froisser ni écraser d'abeilles.

Ces détails pourraient paraître futiles à des profanes des choses de l'Apiculture, mais ils sont réellement très importants, aussi bien pour les travaux des abeilles elles-mêmes que pour la conduite facile des ruches. Ajoutons que la construction des ruches est un travail délicat, qui demande beaucoup de soins, d'attention et de précision. Les abeilles font autant de miel dans une caisse d'emballage que dans une ruche très soignée, mais pour faire de l'apiculture rationnelle, rapidement, sans piqûres et sans ennuis, il est indispensable de travailler avec un matériel bien ajusté, précis, toutes les pièces étant interchangeables. Pour obtenir ce résultat, l'apiculteur doit être assez habile et initié au travail du bois ; il doit posséder un petit outillage approprié, varlopes, rabots, scies, un bon établi ; en outre il faut du bons bois bien sec, il est sage d'en avoir toujours un stock d'avance ; c'est d'ailleurs un bon placement, car plus le bois est sec, meilleur est le travail, et il gagne de la valeur, depuis 30 ans que je fabrique mes ruches, je n'ai jamais vu le prix du bois diminuer !

Mais, revenons à nos ruches. Nous avons dit que les cadres à couvain devaient être espacés très régulièrement, de 38 $^{m/m}$ de centre à centre. Pour assurer cette régularité, nous faisons porter les têtes des cadres dans des crémaillères en tôle découpée, clouées contre la paroi avant et la paroi arrière de la ruche, exactement au niveau de la feuillure de 8 $^{m/m}$ prévue dans le haut de ces panneaux. Dans le bas, la régularité de l'espacement est donnée par des crampons coudés, fixés dans les mêmes parois, à 4 $^{m}\!/_{m}$ du bas.

L'espacement des demi-cadres destinés exclusivement à la récolte du miel, doit être un peu plus grand, afin d'obtenir des rayons plus épais, plus faciles à désoperculer et à extraire. Selon les modèles

des ruches, on donne à ces demi-cadres de 42 à 45 ጥ
d'espacement de centre à centre. La régularité de
leur écartement est d'ailleurs bien moins rigoureuse
que pour le couvain ; aussi, nous ne prévoyons pour
les hausses ni crémaillères, ni crampons d'écartement ; les petits cadres se placent aussi exactement
que possible, à la main ; c'est une question d'habitude ; il suffit d'en mettre dans chaque hausse un ou
deux de moins que le nombre de grands cadres dans
le corps de ruche pour réaliser l'espacement désiré.

Couverture des cadres ; toile et coussin. — La plupart des ruches en usage en France comportent un
passage d'abeilles au-dessus des cadres, et un jeu de
planchettes pour fermer la ruche comme un plafond.
Ce procédé nous semble moins pratique que la méthode employée ici et ailleurs par quelques apiculteurs.

Tout d'abord, si nous nous en rapportons à la vie
des abeilles à l'état naturel, nous voyons que les
rayons sont fixés au plafond de la cavité qui sert de
ruche, sans aucun passage au-dessus. Ensuite, lorsque nous avons l'occasion de visiter des ruches avec
passage au-dessus des cadres et jeu de planchettes,
nous constatons souvent que le bois des planchettes
a joué plus ou moins, que les dites planchettes sont
propolisées entr'elles et parfois avec les têtes de
cadres ; quand on veut les décoller, on provoque de
fortes secousses, on irrite les abeilles et on reçoit
quelques piqûres, ce qui ne facilite pas le travail.

J'ai adopté depuis bien longtemps un procédé de
couverture des cadres qui me semble préférable ; ie
l'ai souvent recommandé à des collègues de mon en-
tourage, lesquels s'en trouvent très bien. Il s'agit
simplement d'un morceau de toile de jute (toile de
sacs) coupé exactement aux dimensions voulues, et
qui se pose directement sur les têtes des cadres. Cette

toile n'est d'ailleurs qu'un isolant entre les cadres et le coussin qui les recouvre, empêchant l'adhérence et la propolisation du coussin. Les abeilles propolisent aussi bien la toile que les planchettes, mais la toile peut se décoller sans secousse, sans provoquer d'irritation, et très progressivement, permettant d'enfumer au fur et à mesure. Ensuite, la toile une fois propolisée se remplace à peu de frais et devient un combustible précieux pour l'enfumoir ; soit seule, soit alternée avec des bandes de carton ondulé, on en fait des rouleaux qui brûlent régulièrement en donnant une fumée abondante et aromatique.

Sur cette toile isolante, on doit poser un coussin, destiné à maintenir une température égale dans la ruche, tout en permettant l'évacuation des vapeurs intérieures. On réalise très bien ce but en clouant sur un cadre de bois de 3 ou 4 %ₘ d'épaisseur deux toiles (toujours de la toile de sacs) entre lesquelles on tasse de la paillette ou balle d'avoine, ou de fins copeaux de raboteuse.

L'évaporation de l'humidité intérieure de la ruche se fait beaucoup mieux à travers les toiles qu'à travers les planchettes. L'hygiène des abeilles est mieux assurée.

Toiture de la ruche. — Quel que soit le modèle de ruche, la protection contre les intempéries doit être assurée efficacement.

Les ruches abritées sous un rucher couvert n'ont besoin que d'un couvercle bien jointif, empêchant seulement l'accès des rongeurs et des insectes, éventuellement des abeilles pillardes. Mais les ruches placées en plein air ont besoin d'une bonne toiture pour chaque ruche.

Le mieux nous semble être le toit-chapiteau pouvant se poser indistinctement sur le corps de ruche ou sur les hausses, avec emboîtement de 2 %ₘ pour assurer sa stabilité. Un trou d'aération garni de toile métallique, à l'avant et à l'arrière, évite l'échauffement pouvant résulter des rayons du soleil sur la toiture.

La forme du toit peut être à une seule pente ou à double pente ; c'est cette seconde disposition que beaucoup d'apiculteurs ont adoptée, avec dépassement des parois de la ruche de 8 à 10 centimètres.

La meilleure couverture, la seule d'ailleurs qui soit parfaitement étanche, est la tôle galvanisée ou le zinc. Le prix de revient en est sans doute plus élevé que pour les cartons bitumés ou goudronnés, mais la durée en est tellement plus grande, avec la réelle sécurité contre toute infiltration d'eau, qu'il n'y a pas à lésiner sur la dépense initiale. C'est même, à la longue, une économie,

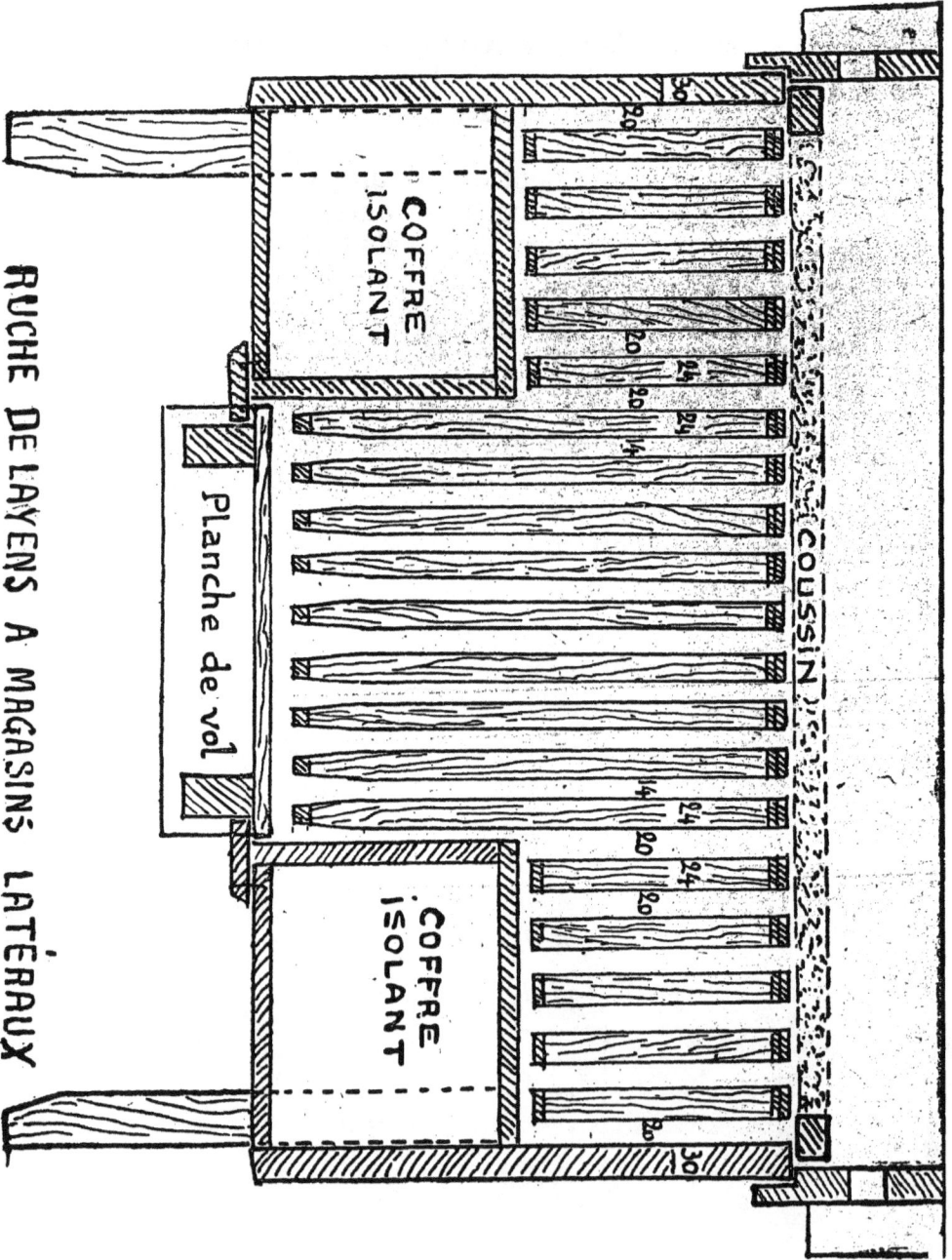

RUCHE DE LAYENS A MAGASINS LATÉRAUX

COFFRE ISOLANT

COFFRE ISOLANT

Planche de vol

COUSSIN

Ruches « de Layens à magasins latéraux »

Chapitre cinquième

La ruche « de Layens » à magasins latéraux
Sa construction

La construction de ce modèle de ruche est relativement simple. Cependant, la plus grande attention doit être apportée dans les assemblages et dans toutes les mesures, espaces, intervalles, afin que le tout se place, s'ajuste, se manipule facilement lorsque les abeilles occuperont leur maison.

Je ne saurais trop insister sur cette règle primordiale : « pour faire de l'Apiculture sans ennuis, sans piqûres, rapidement et agréablement, il faut que les ruches soient construites extérieurement comme des meubles, intérieurement comme de l'horlogerie ».

Ce principe étant admis, voyons comment construire une ruche de Layens à magasins latéraux, solide, pratique et pouvant résister aux intempéries comme aux maraudeurs et aux animaux nuisibles, si elle est placée très loin de toute surveillance.

Le Corps de ruche. — C'est un grand coffre composé de quatre panneaux cloués sur quatre pieds de bois dur, chêne ou châtaignier. Les panneaux doivent être en bois tendre, sapin, aube, tilleul, peuplier à la rigueur si bien sec. Les planches destinées aux panneaux doivent avoir 25 $^{m/m}$ d'épaisseur minimum,

30 de préférence ; elles doivent être bouvetées et collées pour obtenir une largeur de 44 %ₘ.

La longueur des panneaux avant et arrière doit être de 81 %ₘ (longueur intérieure de la ruche) ; ils sont cloués sur la partie haute des pieds, ceux-ci pouvant être enfermés dans les coffres isolants, ou extérieurs ce qui est préférable. Les panneaux de côté doivent avoir une longueur calculée pour donner une largeur intérieure de 35 %ₘ à la ruche, exactement.

Les pieds, en bois dur, peuvent monter jusqu'en haut du corps de ruche, s'ils sont extérieurs, ou seulement à mi-hauteur s'ils sont intérieurs et pris dans les coffres isolants ; ils doivent laisser une hauteur de 35 %ₘ sous le corps de ruche.

Les panneaux avant et arrière comportent une feuillure de 8 ᵐ/ₘ de profondeur sur 12 ᵐ/ₘ 5 de large, dans le haut, pour recevoir les têtes de cadres et demi-cadres. Le paneau avant est entaillé sur 30 %ₘ de long et 10 ᵐ/ₘ de haut dans le bas, pour former entrée.

Coffres isolants. — En bas et de chaque côté du corps de ruche, un coffre jointif formé de trois planches de 20 ᵐ/ₘ d'épaisseur limite l'espace central à 35 %ₘ de large et l'espace disponible pour les demi-cadres à 22 %ₘ en hauteur sur une largeur de 23 %ₘ. Ces coffres isolants occupent donc chacun 23 %ₘ de large sur 22 de haut, fonds et parois comprises.

Plancher. — Le plancher est divisé en trois fractions, les deux fractions de chaque côté étant constituées par les fonds des coffres isolants fixes. La partie centrale, sous les cadres à couvain est mobile; elle est formée de planches de 2 %ₘ d'épaisseur clouées sur deux barres dépassant de 14 ou 15 %ₘ en avant

et formant planche de vol ; cette partie est à glissiè-
re et peut s'enlever pour le nettoyage (voir croquis).

Construction à doubles parois. — On peut avantageusement construire la ruche de Layens à magasins
latéraux en doublant les parois avant et arrière.

Pour les côtés, la double paroi est inutile, les coffres formant des isolants parfaits dans le bas, et les
demi-cadres avec leurs rayons construits, dans les
magasins latéraux, formant autant de planches de
partition, très isolantes.

L'idéal est de conjuguer la construction à doubles
parois avec un bâti de bois dur (chêne ou châtaignier) dont les quatre montants verticaux sont pro-
longés vers le bas de 30 centimètres pour former les
pieds de la ruche. Ces montants sont reliés deux à
deux avec des barres horizontales, assemblées à te-
nons et mortaises, ce qui donne deux cadres fermés
sur lesquels on cloue les doubles parois avant et arrière. Pour les parois intérieures, on prend du feuillet
de 12 ^{m} d'épaisseur, dont le bord supérieur est cloué
à 8 ^{m} du bord de la traverse du haut, ce qui constitue la feuillure dans laquelle reposeront les oreilles
des cadres et demi-cadres. Chaque paroi extérieure
peut être semblabe, ou mieux, constituée par une
seule feuille de contreplaqué de 5 ou 6 ^{m} ce qui évite
les joints et les infiltrations d'eau. Si on emploie du
contreplaqué, il faut protéger les angles de la ruche
par des cornières en tôle galvanisée pour empêcher
le décollement des plaques par l'humidité.

La photographie du hors-texte représente des ruches construites selon ces données.

Cadres et demi-cadres. Espaces et Intervalles. —
Pour la fabrication des cadres et des demi-cadres, il
suffit de se reporter aux pages précédentes, puisque

ce sont exactement les mêmes modèles avec les mêmes dimensions.

Comme nous l'avons exposé, c'est la disposition seule des cadres qui est changée ici, le nid à couvain se trouvant au centre de la ruche, et les magasins destinés à la récolte étant placés sur les côtés au lieu d'être au-dessus.

Les 9 grands cadres à couvain (37 × 31) sont disposés au centre de la ruche, avec un écartement de 38 ^{m} de centre à centre, écartement qui est assuré par des crémaillères en tôle découpée dans le haut, et par des crampons coudés dans le bas.

Au-dessous des grands cadres, il reste un vide de 2 ^m_m, ce qui facilite à la fois l'aération et le nettoyage du plancher. Entre les parois de la ruche et les montants des cadres, il reste un espace de 12 ^{m}, propice à la circulation des abeilles, et évitant tout risque de propolisation.

Les magasins latéraux permettent de placer dans chacun d'eux, 5 demi-cadres 18 × 31, espacés à 44 ^{m} de centre à centre, assurant ainsi des rayons de miel très épais, ne risquant pas d'être occupés par du couvain, à cause de la profondeur des cellules, toujours facilement accessibles pour l'apiculteur et permettant une récolte rapide.

Sur toute la longueur de la ruche, un grand coussin de balle d'avoine ou de paillette, isolé des cadres par une simple toile de sac, maintient la température intérieure tout en assurant l'évaporation de l'humidité possible.

Couvercle ou Toiture. — Toutes les fois qu'il est possible d'abriter les ruches sous un rucher couvert, voire même dans un bâtiment clos, et surtout lorsqu'il s'agit d'un rucher éloigné, c'est certainement préférable à tous égards. En ce cas, un simple couvercle emboîtant un peu le haut de la ruche est suffisant pour la protéger.

Il n'en est pas de même pour les ruches placées en pleine campagne. Il leur faut alors une toiture solide et étanche (tôle galvanisée) et, s'il s'agit de ruchers isolés et peu surveillés, il est sage de pouvoir fermer chaque ruche au moyen d'une bonne serrure.

Ceci suppose un toit-chapiteau ouvrant à charnière. La chose ne serait guère réalisable avec des ruches comportant des hausses, mais devient aisée avec le modèle sans hausse et tout en longueur que nous étudions.

Notre photo montre des ruches de ce modèle. Les corps de ruches sont entourés de barres de bois de 50×25 $^m/_m$, clouées à 3 $^c/_m$ du haut des parois. Le chapiteau pose tout autour sur ces barres ; il emboîte donc le haut de chaque ruche sur 3 $^c/_m$. A l'avant, deux fortes charnières permettent d'ouvrir le couvercle-toit, qui forme alors un écran mettant l'apiculteur à l'abri du vol des abeilles. A l'arrière, une forte serrure de coffre permet de fermer à clé, mettant la ruche à l'abri, sinon des cambrioleurs qui ne s'arrêtent devant rien, mais tout au moins des curieux et des petits maraudeurs.

Supports des ruches. — Il y a bien des façons de poser les ruches sur des bâtis solides et stables. Les matériaux dont on peut disposer sur place sont, le plus souvent, la raison qui fait choisir un procédé plutôt qu'un autre.

En général, les ruches doivent être isolées du sol de 30 $^c/_m$ environ. Si on trouve à proximité du rucher des pierres convenables, ou des briques sans valeur, on peut édifier des murets de 25 à 30 $^c/_m$ de haut sur 40 à 50 $^c/_m$ de largeur. Le dessus doit être parfaitement nivelé, dans le sens de la longueur. On peut donner une pente de 1 %ₘ vers l'avant pour aider l'écoulement des eaux de pluie.

A défaut de maçonnerie possible à bon compte, on utilise souvent une petite charpente de bois. Des piquets de bois dur, chêne, châtaignier, acacia, sont plantés dans le sol, après en avoir goudronné, carbonylé, ou même brûlé la pointe. Ces piquets écartés de 35 à 40 %ₘ entr'eux et espacés de 1 mètre environ en longueur sont enfoncés au maillet en contrôlant leur niveau exact. On pose et on cloue sur les piquets des chevrons de 6×8 %ₘ rabotés et passés au carbonyle, ce qui augmente leur durée.

Il va de soi que les ruches à magasins latéraux montées sur pieds n'ont besoin d'aucun support. Il suffit de poser les pointes des pieds sur quatre pavés ou quatre briques, en contrôlant avec un niveau à bulle d'air l'équilibre et la stabilité des ruches.

Peinture des ruches. — Pour la protection du bois des ruches, pour augmenter la durée d'un matériel de valeur, il est très utile de faire usage de produits qui soient à la fois hygiéniques, qui protègent le bois contre la pourriture, contre les insectes, sans supprimer pour cela la porosité des bois tendres, les possibilités d'évaporation de l'inévitable humidité intérieure.

Les peintures à l'huile et à la céruse, de couleurs vives et variées, sont sans doute d'un très bel effet décoratif, mais elles sont précisément contraires à l'hygiène des abeilles, parce qu'elles concentrent l'humidité dans la ruche ; elles provoquent même la pourriture du bois lui-même en empêchant l'évaporation de l'eau dont il s'imprègne de l'intérieur.

C'est pourquoi de nombreux apiculteurs enduisent leurs ruches neuves de carbonyle, produit plus économique que la peinture et qui protège parfaitement le bois sans altérer ses facultés d'évaporation.

Le carbonyle ne gêne nullement les abeilles, mais chasse la fausse-teigne et de nombreux insectes ennemis des abeilles.

Il faut, pour le bon aspect des ruches, se procurer du carbonyle de couleur claire. A défaut, lorsqu'on ne dispose que d'un carbonyle de qualité inférieure et de couleur trop foncée, on l'additionne d'huile de lin et d'essence ; en peut même ajouter un peu d'ocre jaune et de vermillon en poudre, pour donner une teinte plus vive.

Les ruches usagées peuvent recevoir une nouvelle application de carbonyle, pendant l'hiver, alors que les abeilles ne sortent pas. La durée du matériel apicole est ainsi prolongée sérieusement, et à peu de frais.

———

CHAPITRE SIXIÈME

Conduite de la ruche de Layens à hausse

Il y aurait bien peu de choses à dire sur ce sujet si nous nous adressions exclusivement à des apiculteurs expérimentés, déjà habitués à la conduite de n'importe quel modèle de ruche verticale.

Nous pensons utile, cependant, de donner ici quelques conseils pratiques et d'exposer notre méthode, à l'intention des débutants et aussi des « aspirants-apiculteurs ».

Pour faire le cycle des travaux de l'année apicole, nous commencerons par examiner nos ruches vers le mois d'août, c'est-à-dire après la récolte du miel, alors que la saison active est terminée.

Il est sage, en effet, de préparer la prochaine campagne dès la fin de la campagne précédente, parce que les bons résultats ne peuvent être obtenus que par des colonies très fortes, ayant bien hiverné, et pour que l'hivernage se passe dans les meilleures conditions possibles, il faut le préparer dès le mois d'août.

L'hivernage des ruches de Layens est généralement bien assuré par d'abondantes provisions dans les corps de ruches. Il est bien entendu qu'on n'a récolté du miel que dans les hausses, et, par la disposition même des cadres du bas, par leur forme et leurs dimensions, il est très rare que chaque corps de ruche ne conserve pas en réserve 15, 20 ou même 25 kilos de miel. Dans ces conditions, l'apiculteur n'a nullement à intervenir ; ses abeilles ne lui demandent que la paix et la tranquillité.

Au cas, cependant, où une ruche se trouverait peu fournie en miel, et il peut s'agir d'essaims tardifs n'ayant pu amasser assez de provisions, il y aurait lieu de compléter les vivres, soit en donnant un ou deux grands cadres de miel prélevés sur les côtés de certaines ruches pesant 25 kilos et plus, ce qui ne leur ferait aucun tort, soit en distribuant du miel ou du sirop de sucre dans des nourrisseurs placés au-dessus des abeilles. Rappelons que le nourrissement doit être donné le plus rapidement possible, afin de réduire le dérangement au minimum, toujours le soir et avec précaution (bien fermer les ruches, diminuer les entrées) en vue d'éviter le pillage, toujours à redouter en fin de saison.

Mise en hivernage. — Soit dans le courant d'octobre, soit dans les tout premiers jours de novembre, par beau temps calme, on doit enlever les hausses et leurs petits cadres, qui avaient été replacés sur les ruches après la récolte, pour que les abeilles gardent les rayons de cire à l'abri de la fausse-teigne pendant la saison chaude. Maintenant, la teigne est moins à redouter ; les hausses et leurs petits cadres seront conservés au laboratoire pendant l'hiver, ce qui permet de poser le coussin au-dessus des cadres occupés par les abeilles dans chaque ruche.

Nous ne parlons pas des provisions d'hiver, qui ont dû être contrôlées en août et septembre, complétées là où cela était nécessaire. Maintenant, les abeilles ont tout ce qu'il leur faut ; les ruches fermées, bien abritées contre les intempéries, les entrées grandes ouvertes en longueur pour faciliter l'aération (tout aussi nécessaire en hiver qu'en été) ; mais la hauteur des entrées ne doit pas laisser passage aux souris et mulots ; des grilles donnant le passage seulement aux abeilles sont très utiles.

Ces soins étant terminés, l'apiculteur n'aura plus à toucher aux ruches jusqu'au mois de mars suivant.

Après l'hiver. Visite de Printemps. — Par une belle journée de mars, ou du début d'avril, il est indispensable de passer une visite générale de toutes les ruches, visite d'information aussi complète que possible. L'apiculteur prend note sur un carnet ou sur des fiches spéciales, des particularités de chaque ruche : importance des provisions qui restent; développement du couvain (surface des rayons occupés). En même temps, puisqu'il a fallu enfumer les abeilles pour la visite, on profite de l'occasion pour nettoyer les planchers des ruches : opération simple et rapide, les planchers étant mobiles ; on enlève le corps de ruche et on le pose à côté pendant une minute, le plancher est balayé ou gratté, on replace la ruche aussitôt, les abeilles se sont à peine aperçues de ce bref dérangement.

Nous avons dit que, dans les ruches à cadres de Layens, les cas de disette de vivres sont extrêmement rares ; on retrouve souvent au printemps des réserves encore abondantes. Cependant si, exceptionnellement une ruche se trouvait à court de provisions, il y aurait lieu de lui venir en aide sans retard par un nourrissement continu et jusqu'au début d'une miellée suffisante.

En cas d'orphelinage constaté, ou de défectuosité d'une reine (couvain rare et clairsemé, irrégulier) on procède à des réunions, soit avec des ruches voisines, soit avec de petits essaims conservés de la dernière saison et possédant naturellement une jeune reine.

Pose des hausses. Prévention de l'essaimage. — La date de la pose des hausses est évidemment variable selon les régions et selon les années. C'est une question d'observation à faire pour chaque rucher. Mais il est facile de se rendre compte du début de la grande miellée par l'activité des abeilles, ainsi que des apports de miel nouveau dans les ruches, par l'allongement des cellules des derniers rayons.

Quand le moment est arrivé, avant de placer une hausse sur chaque ruche, il peut être utile de donner de la place pour la ponte de la reine, en intercalant un rayon à peu près vide au centre du couvain; cette opération n'est pas indispensable, mais elle est souvent utile en ce qu'elle peut éviter l'essaimage des meilleures colonies.

Mai et Juin. Surveillance. — Dans la mesure où le temps est beau, la température favorable et les fleurs mellifères abondantes, l'activité des abeilles est intense. L'apiculteur doit veiller à ce que les butineuses ne manquent pas de place pour loger le miel nouveau; si la première hausse posée sur chaque ruche semble s'emplir rapidement, il faut en placer une seconde, simplement sur la première.

La surveillance doit aussi s'exercer chaque jour de beau temps, aussi bien au rucher qu'aux alentours. Malgré nos précautions, il peut se produire des essaims naturels, et il est bon de n'en laisser perdre aucun. Quelques ruches ou ruchettes en réserve nous permettront de recueillir ces nouvelles familles. Les derniers essaims, logés en ruchettes à 5 ou 6 cadres (toujours sur feuilles entières de cire gaufrée) seront aidés par un nourrissement copieux afin de se développer d'abord et de bien hiverner ensuite. On ne doit pas mépriser ces petits essaims, qui sont tous pourvus d'une jeune reine, et peuvent être précieux pour remédier à des orphelinages inévitables. On peut d'ailleurs réunir deux, trois, quatre petits essaims dans la même ruchette, même à plusieurs jours d'intervalle; la fumée arômatique obtenue avec la toile propolisée aide beaucoup les réunions.

Récolte du miel et de la cire. — Bien que l'époque de la récolte varie beaucoup selon les régions et même les localités, la règle générale est de faire la récolte quand les rayons des hausses sont complètement operculés, ou tout au moins pour les 9/10e.

On prélève les cadres à récolter avec beaucoup de soins, évitant de laisser les ruches ouvertes plus qu'il ne faut, ne laissant traîner aucun débris de miel ou de rayon, tenant le laboratoire bien clos, à l'abri des pillardes. Les cadres incomplètement operculés sont laissés dans les hausses, en vue d'une seconde récolte quelques semaines plus tard.

Nous n'entrerons pas ici dans le détail de l'opération de la récolte et de l'extraction du miel, ce qui ne serait pas dans le cadre de notre étude. Nous dirons seulement que le désoperculage des demi-cadres de Layens, grâce à leur écartement dans les hausses qui leur donne une épaisseur dépassant largement les lattes des cadres, est des plus rapides et des plus faciles. Avec notre méthode, on gagne beaucoup de temps lors de la récolte.

Les rayons passés à l'extracteur sont redonnés aux abeilles le soir, juste avant la nuit, ce qui évite toute excitation dangereuse au rucher. Si la saison est favorable, les abeilles pourront remplir à nouveau quelques rayons; dans tous les cas, les petits rayons de cire seront jalousement conservés en bon état jusqu'à l'entrée de l'hiver.

Les opercules, une fois égouttés du miel qu'ils contiennent, seront passés au cérificateur solaire dès que possible aussi bien pour bénéficier du grand soleil d'été que pour éviter toute attaque par la fausse-teigne.

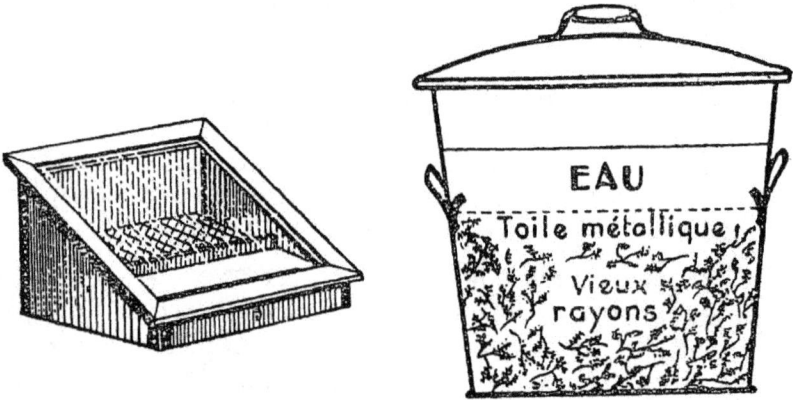

Cérificateur solaire

et chaudière à fondre les vieux rayons

Et la saison apicole sera ainsi terminée. Nous penserons bientôt à la préparation de l'hivernage, facteur important des succès futurs.

Chapitre septième

Conduite de la ruche de Layens à magasins latéraux

Nous touchons ici à ce qu'on peut appeler « l'Apiculture simpliste », à une méthode réduite à si peu d'opérations que l'on peut dire que se sont les abeilles qui se conduisent toutes seules.

Le seul mérite de l'apiculteur réside dans la construction très soignée de la ruche, dans son aménagement parfaitement ordonné et dans l'installation d'une très forte colonie d'abeilles dès le début.

Je crois que ce serait une grosse erreur de vouloir peupler une grande Layens à 19 cadres (9 grands et 10 petits), dont le volume intérieur est de 87 litres, avec un petit essaim ou même un essaim de grosseur moyenne, lequel aurait du mal à occuper assez vite toutes les parties du local.

Il est nécessaire de peupler notre petite usine à miel avec au moins 3 ou 4 kilos d'abeilles, soit un gros essaim de mai, soit deux ou trois essaims réunis, ou bien d'installer en mars-avril une colonie déjà organisée et occupant 6 ou 8 grands cadres construits, avec couvain et miel.

Ceci s'explique par deux raisons : 1° pour échauffer un grand volume et maintenir la température nécessaire à l'élevage du couvain et à la vie de la colonie, il faut un groupe d'abeilles important; 2° pour occuper tous les rayons, grands et petits, les soigner, les protéger de toute invasion de fausse-teigne, il faut beaucoup d'abeilles.

Cela étant admis, les abeilles étant installées confortablement dans leur grande maison, que reste-t-il à faire pour l'apiculteur ?

A) **Ruches placées près de l'habitation.** — Les ruches de Layens à magasins latéraux situés près du domicile de l'apiculteur peuvent être visitées plus souvent que celles qui sont éloignées; ce n'est sans doute pas un mal, mais ce n'est pas une nécessité.

Pour mon compte, bien qu'ayant construit ce modèle de ruche à l'intention d'un rucher qui est à 60 km. de chez moi, j'ai cependant installé six ruches semblables dans un rucher situé à 2 km. et où je vais à peu près tous les jours, ceci dans un but d'observation et de comparaison. Je regarde de temps en temps, sur le dessus des cadres, pour voir les progrès du travail, mais je n'interviens à l'intérieur que pour la récolte, une fois par an.

En avril, au moment de la visite générale, j'en profite pour visiter également mes ruches horizontales, et pour nettoyer le plancher, plus ou moins encombré des débris non expulsés pendant l'hiver, mais c'est tout.

Pour la récolte du miel, que je fais toujours dans l'après-midi, il est très facile d'enfumer les abeilles pour les refouler vers le centre, et de prélever les rayons de miel dans un magasin d'abord, dans l'autre ensuite. Vers le soir, les petits cadres extraits sont replacés dans les magasins, où les abeilles les nettoient, les réparent et ensuite les conserveront en bon état jusqu'à la saison suivante.

Puisque nous parlons d'observation et de comparaison, je puis dire que pendant les deux dernières années, mes ruches à magasins latéraux ont donné une récolte moyenne de vingt kilos. En 1939, l'une d'elles a dû être récoltée deux fois et a fourni un peu plus de 30 kilos de miel, tout en conservant environ 25 kilos de réserve dans le corps central. Par contre, sa voisine m'a fait la farce d'essaimer deux fois, (c'est la seule de ce modèle qui ait jamais essaimé) et ne m'a donné que 15 kilos de récolte.

L'essaimage est probablement beaucoup plus rare avec les ruches à magasins latéraux, assez vastes pour donner de la place aux plus fortes populations. Cependant, soit par suite du blocage du champ de ponte de la reine par un apport rapide de nectar, soit pour toute autre cause imprévisible, des essaims peuvent partir à l'improviste, et si l'apiculteur a la possibilité de surveiller toutes ses ruches, c'est toujours préférable.

B) **Ruchers éloignés.** — La ruche de Layens à magasins latéraux a été imaginée et créée précisément pour les ruchers éloignés, ne pouvant être visités souvent. L'expérience que j'en ai faite pendant les deux récentes années, pour un rucher situé à 60 km. et où je ne vais qu'une fois par an, me semble concluante en ceci que je retrouve toujours mes abeilles en excellent état, dans des ruches pleines de miel, que je n'ai qu'à récolter. Comme je laisse toujours des provisions dépassant 20 kilos, dans les grands cadres du centre, je suis assuré que les abeilles ne manquent jamais de vivres.

J'avais craint, au début, de rencontrer deux inconvénients sérieux : l'essaimage et la perte des essaims, l'orphelinage et peut-être le pillage consécutif, la fausse-teigne, etc., mais, jusqu'ici tout au moins, aucun incident fâcheux ne s'est produit. Sans doute nous sommes toujours à la merci du caprice des abeilles voulant essaimer, mais il ne faut pas exagérer les conséquences de ce désagrément; si la colonie affaiblie par l'essaimage donne moins de récolte cette année-là, le renouvellement de la reine assure plus de force et de vitalité dans l'avenir; il y a là une loi naturelle, qu'il est même bon de ne pas contrarier.

Quant aux risques d'orphelinages, suivis de pillage et d'invasion de fausse-teigne, il semble bien que ces risques soient beaucoup moins grands pour des colonies d'abeilles situées en dehors de l'intervention de l'homme que pour des ruches trop souvent visitées, dérangées plus ou moins à propos. Je ne veux pas dire que l'homme est le seul responsable, par des interventions trop fréquentes, des cas d'orphelinage dans ses ruchers; mais je constate, et mes collègues de tous les pays peuvent aussi bien le constater, que les colonies d'abeilles dont l'homme ne s'occupe pas, celles vivant à l'état primitif dans des arbres creux ou des trous de murs ou de rochers, y prospèrent pendant fort longtemps sans incidents et sans orphelinage ; il y a des colonies d'abeilles installées depuis cent ans dans le même endroit, et qui se portent bien !

Mais revenons à nos ruches très modernes, dans lesquelles toutes les manipulations sont faciles, quand il le faut.

Une seule visite annuelle, en juillet généralement, permet de récolter le miel, de voir un peu le stock des provisions, le bon état de la colonie. En outre, on profite de l'occasion, les abeilles étant enfumées et en bruissement, pour nettoyer le plancher, vérifier la grille d'entrée, s'assurer de la solidité des supports, du niveau et de la stabilité de chaque ruche.

Mes Layens à magasins latéraux ouvrent à charnière sur le devant et sont fermées par une forte serrure à l'arrière ; leur poids imposant les met à l'abri des coups de vent et bourrasques. Depuis un peu plus de deux ans, personne n'a rien dérangé et les abeilles travaillent en toute sérénité.

J'ai l'impression que ce système de ruche permet d'appliquer une méthode d'exploitation fort simple, et cependant profitable, ce que je traduis par cette formule : « le maximum de rendement pour le minimum de soins et d'entretien ».

Commentaires, après la troisième année. — Avant de clore cette étude et de la livrer à l'édition, j'ai voulu attendre les résultats de la troisième année d'expérimentation de la « Layens à magasins latéraux », comparativement avec les « Layens à hausses » et les Dadant.

Les observations ont porté sur 42 ruches de ces trois modèles, en trois ruchers comportant chacun tous les systèmes.

Cette année a été bonne. Les moyennes de récolte, par ruche, ont été de 20 k. dans un rucher, 11 k. 500 dans un autre (cause essaimage) et de 15 k. dans le troisième.

Les moyennes par type de ruche ont été à peu près identiques, à un ou deux kilos près ; il n'y a pas eu, pratiquement, de différence. Les plus forts rendements ont été fournis par des « Layens à hausses », 40 kilos, 28, 24 kilos, mais plusieurs Layens à hausse ayant essaimé (cause probable : emplacement) leur moyenne s'est trouvée réduite.

Les Layens à magasins latéraux n'ayant pas essaimé du tout, leur moyenne s'est établie entre 16 et 18 kilos.

Les vivres de réserve sont abondants partout (20 k. environ) sauf dans les Dadant (14 à 16 k.) ce qui est cependant très suffisant dans ma région.

Dans mon rucher de Vaucluse (à 60 km. de mon domicile) et que je n'ai pas visité pendant plus d'un an, du 15 août de l'an passé jusqu'au 1er septembre de cette année, une ruche à hausse a été dévalisée partiellement par un maraudeur, et mal refermée ;

c'est miracle qu'un pillage ne se soit pas produit. Les ruches à magasins latéraux, situées à côté, dans le même rucher, n'ont pas été endommagées, certainement grâce à leurs bonnes serrures.

La morale de cette histoire, c'est que les ruches horizontales, se prêtant plus facilement à un système de fermeture de sécurité (charnières devant et serrure derrière) donnent plus de garantie dans le cas d'un rucher éloigné et peu surveillé. En outre, les Layens à magasins latéraux se comportent admirablement bien, aux divers points de vue de l'hygiène des abeilles, du développement rationnel des colonies, de la belle moyenne de récolte, sans tendance à l'essaimage, et tout cela sans aucune intervention de l'apiculteur.

Pour les ruchers qu'il est facile de visiter souvent, je préfère la « Layens à hausses », plus économique de construction, plus légère, plus maniable, toujours agrandissable à volonté, donc susceptible de fournir encore plus de récolte, mais pour les ruchers éloignés, peu visités, peu surveillés, je suis persuadé que la « Layens à magasins latéraux » offre des avantages vraiment supérieurs.

Commentaires, après la septième année. — Les observations précédentes sont restées exactes dans l'ensemble. Elles se sont seulement précisées quant au rendement en miel des Layens à hausses, souvent supérieur à celui des Layens à magasins latéraux. La raison en est qu'il est plus facile d'agrandir les premières par la pose successive de hausses que de récolter avant la fin de la miellée tout ou partie des magasins latéraux des secondes ; cette remarque est *surtout* valable pour les très bonnes années ; *dans* les années médiocres, au contraire, les Layens à magasins latéraux semblent avoir l'avantage sur leurs voisines à hausses.

Par exemple, l'année 1944 a été excellente dans ma région ; la moyenne de mon rucher principal a été de 26 k. 5 par ruche et pour l'ensemble ; les plus fortes récoltes ont été fournies par des Layens à hausses (64 k. sur la plus forte) alors que les ruches horizontales, dont les populations étaient également fortes, n'ont atteint que 30 et 32 k. pour les meilleures.

Par contre, cette dernière saison, 1945, a été très mauvaise dans la même région. Des collègues voisins, qui exploitent des Dadants, n'ont rien récolté du tout, ou très peu de chose, alors que la moyenne des Layens, si elle a été faible, a quand même été de 7 kilos par ruche. Or, dans cette moyenne de 7 kilos, nous avons remarqué que les Layens à magasins latéraux se classaient en tête, avec une moyenne supérieure de 1 ou 2 k. à celle des Layens à hausses (8 k. contre 6,5).

Nous sommes loin, évidemment, avec nos moyennes de 26 k. en très bonne année et 7 k. en année médiocre, des chiffres astronomiques annoncés par certain charlatan aux titres ronflants et qui prétendait naguère que toute ruche ne rapportant pas 50 ou 100 kilos de miel par an était une ruche malade et son propriétaire l'apiculteur un pauvre type n'entendant rien à son métier.

Il est regrettable que de pareilles sornettes soient publiées en librairie et dans la presse, car elles faussent l'opinion publique et font du tort aux apiculteurs sérieux et honnêtes.

Nous restons cependant très heureux des résultats obtenus par nos modestes techniques et particulièrement par l'amélioration et la modernisation de la ruche de Layens.

Si la moyenne de rendement est supérieure pour des Layens à hausses, il faut convenir que le type horizontal à magasins latéraux conserve son très important avantage de sécurité pour les ruchers éloignés.

Dans la nuit du 30 janvier 1943, mon rucher de Vaucluse a été l'objet d'une tentative de cambriolage en règle. Les malfaiteurs n'ayant pas pu forcer les serrures de mes grandes ruches, se sont vengés sur un rucher voisin, composé d'une dizaine de ruches Dadant. Il y avait de la neige ; les traces des voleurs ont été facilement repérées ; j'ai été prévenu par des voisins et comme le rucher pillé appartenait à un jeune collègue, prisonnier de guerre, j'ai porté plainte pour lui ; les malfaiteurs ont été immédiatement découverts, arrêtés, puis sévèrement condamnés. Dans les attendus du jugement, le Président du Tribunal d'Orange a mis en relief l'action bienfaisante des abeilles et la nécessité de les protéger d'une manière particulière.

Une fois de plus, j'ai béni le sort qui m'avait donné l'idée de construire ces Layens horizontales pour mon rucher le plus éloigné, que je visite rarement et qui ne bénéficie d'aucune surveillance.

A ces observations et à ces commentaires, qui sont personnels, il faut ajouter les observations faites par de nombreux collègues ayant expérimenté les Layens modernisées depuis quelques années.

Plusieurs collègues voisins, se rendant compte des avantages évidents des ruches de Layens, tant au point de vue rendement qu'au point de vue de la santé des abeilles et du développement plus précoce des colonies, ont entrepris de construire des Layens selon mon système pour augmenter leur effectif et concurremment avec les Dadants et autres modèles déjà en service.

D'autres apiculteurs, lecteurs des premières éditions de ce petit livre, ont voulu faire cette même expérience en différentes régions. Quelques-uns m'ont écrit pour me faire part de leurs observations. Je vais en donner ici quelques extraits, non dans un but d'inutile et sotte vanité, mais pour démontrer la valeur d'un principe et de quelques idées justes que je ne suis pas seul à partager.

〰 *De M. J. O. (Aude)* : Je pratique moi-même la ruche de Layens à hausse et je m'en félicite par le fait des excellents résultats obtenus. J'ai lu votre travail avec grand intérêt ; les résultats de nos expériences sont concordants. Votre idée de Layens à magasins latéraux est originale ; elle me paraît judicieuse et pratique ; elle conserve à la Layens toutes ses qualités de conduite simple, en supprimant ses défauts. Vous semez là, je crois, du bon grain.

〰 *De M. R. M. (Haute-Vienne)* : Je viens de visiter mes deux Layens horizontales, construites selon vos plans ; elles m'ont donné l'immense joie d'une très belle récolte de miel, sans un atôme de couvain dans les demi-cadres (contrairement aux Dadants de mon voisin, dont les hausses en contiennent une forte proportion). Je ne vous remercierai jamais assez pour la fameuse idée que vous m'avez donnée.

〰 *De M. L. V. (Allier)* : Très content de la Layens modernisée ; meilleure récolte que sur la Dadant ; hivernage parfait. Je tiens à vous remercier pour la méthode de couverture des cadres par une toile, plus pratique que les planchettes et plus rapide.

〰 *De M. P. F. (Oise)* : Moi aussi, je suis partisan de la ruche de Layens (et pour cause !). J'en exploite près de 200 pour mon compte. Je retrouve mes idées dans vos livres et mes idées sont le résultat de 60 années de pratique apicole.

〰 *De M. J. M. (Haute-Garonne)* : J'ai lu et relu avec un intérêt renouvelé vos quatre livres d'apiculture, mais j'ai été surtout, et très vivement, captivé par votre ruche de Layens modifiée, avec hausses ou à magasins latéraux. Je vais en construire deux ou trois, pour voir... En attendant, je tiens à vous remercier de m'avoir procuré un supplément de joie apicole. (Février 1941.)

ᴡᴡ *Du même correspondant (août 1944)* : J'ai tout d'abord constaté une nette avance dans l'élevage printanier, dans les ruches de Layens de votre système : ensuite des récoltes sensiblement plus fortes que dans mes Dadants et, chose appréciable, sans couvain dans les hausses ni dans les magasins. Votre grand mérite est d'avoir réveillé des idées simples, qui sommeillaient. Et c'est beaucoup.

ᴡᴡ *De M. L. T. (Haute-Savoie)* : Je viens de relire, à la page 14 de votre ouvrage « La Ruche de Layens modernisée », question hivernage, les remarques faites par vous sur les cadres de Layens.

Je viens d'en constater l'entière véracité.

Moi-même ai fait une expérience : En juin de l'année dernière, j'ai recueilli deux essaims secondaires de 1 k. 500 environ, que j'ai logés en ruchettes 5 cadres de Layens. Je leur ai donné tout de suite deux cadres construits et trois cadres de miel, prélevés sur les ruches ayant donné les essaims. Ces essaims ont admirablement hiverné. A ce jour (20 mars 45) le couvain s'étend sur les cinq cadres. Cela sans nourrissement.

Par contre, j'ai constaté que la plupart des apiculteurs voisins, qui ont tous des ruches Dadant, ont eu des pertes parmi des vieilles souches, et cela avec des provisions de miel allant jusqu'à 8 kilos dans certaines ruches ; les abeilles n'avaient pas pu changer de cadre pendant les grands froids.

Donc, le cadre de Layens, pour nos régions froides, est certainement le meilleur. — C. Q. F. D.

ᴡᴡ *De M. A. D. (Loiret) (mai 1945)* : En attendant que le matériel apicole redevienne possible à acheter ou à construire, je n'ai pas hésité à quitter mon pays natal (Ille-et-Vilaine) pour m'embaucher chez un apiculteur professionnel, où je suis maintenant.

Après deux ou trois saisons, je retournerai m'installer dans mon pays que j'aime tant. J'espère créer mes ruchers en Layens à hausses et à magasins latéraux, et non en Dadants ou Langstroot, ruches dont je suis actuellement à même de constater les inconvénients, surtout pour le couvain, que l'on trouve toujours en quantité dans les hausses...

On pourrait multiplier les citations et les extraits de lettres reçues, qui corroborent parfaitement les observations faites ici depuis bientôt 10 ans. Il est probable d'ailleurs que d'autres collègues ont pu constater les mêmes faits. Il ne s'agit pas de faire de la publicité, pour un produit ou une marque quelconque, mais seulement de répandre des idées profitables à tous, pour le plus grand bien des abeilles et des apiculteurs.

TABLE DES MATIÈRES

———

Avant-Propos   7

Chapitre I. — Avantages du rayon, du cadre et
de la Ruche de Layens   13
  A) Hivernage   13
  B) Répartition du couvain et des vivres   15
  C) Développement au printemps   16
  D) Nécessités de nourrissement très rares   16

Chapitre II. — Inconvénients et désagréments de
la Ruche de Layens   19
  A) Cadres lourds, peu maniables   21
  B) Espacement des rayons   21
  C) Difficulté de désoperculage et d'extraction   22
  D) Récolte plus tardive, miel moins beau   23

Chapitre III. — Recherche d'une solution   25

Chapitre IV. — La Ruche de Layens « a Hausse »
sa construction   33
  Le Plancher   35
  Le corps de ruche   36
  Les hausses   36
  Les cadres et demi-cadres   37
  Espacements et écartements   38

Couverture des cadres, toile et coussin 41

Toiture de la ruche 42

Chapitre V. — La Ruche de Layens « a magasins latéraux ». Sa construction 45

Le corps de ruche 45

Coffres isolants 46

Plancher 46

Construction à doubles parois 47

Cadres et demi-cadres. Espaces et intervalles .. 47

Couvercle ou toiture 48

Supports des ruches 49

Peinture des ruches 50

Chapitre VI. — Conduite de la Ruche de Layens « a hausse » 53

Mise en hivernage 54

Après l'hiver, visite de printemps 55

Pose des hausses, prévention de l'essaimage.. 56

Mai et Juin, surveillance 56

Récolte du miel et de la cire 57

Chapitre VII. — Conduite de la Ruche de Layens « a magasins latéraux » 59

A) *Ruches placées près de l'habitation* 60

B) *Ruches éloignées* 61

Commentaires après la 3ᵉ année 63

Commentaires après la 7ᵉ année 64

Société Centrale d'Apiculture

Fondée en 1856

Reconnue d'utilité publique

(La plus ancienne Société Apicole du monde entier)

28, Rue Serpente, PARIS (VIe)

❖

" L'Apiculteur "

Bulletin mensuel. — Technique et pratique. — Textes variés sur tous les sujets se rapportant à l'apiculture. — Nombreuses illustrations. — Petites annonces. — Etc. — La revue apiole la plus sérieuse et la plus intéressante, très recommandée à tous les apiculteurs. — Spécimen gratuit.
28, rue Serpente, PARIS, VIe.

Syndicat National d'Apiculture

Fondé en 1920

(Le plus important groupement apicole français)

Trésorier-Administrateur :

M. DROMARD, 8, rue Périn - Reims (Marne)

❖

Principaux services :

Achat de fournitures apicoles.
Articles de propagande pour la vente du miel.
Assurances contre les risques d'accidents pouvant être causés par les abeilles.
Contentieux, jurisprudence. — Renseignements de toute nature. — Recherche des fraudes sur le miel. — Poursuites contre les fraudeurs.
Solidarité générale entre tous les apiculteurs.

" L'Abeille de France "

Bulletin mensuel du Syndicat National (S. N. A.) — Informations économiques. — Jurisprudence. — Défense des intérêts professionnels, etc. — Spécimen gratuit. — S'adresser à M. DROMARD, trésorier du S. N. A. — 8, rue Périn, Reims (Marne).

DEUX MARQUES :

OUVRAGES SCOLAIRES
ET TECHNIQUES

LITTÉRATURE GÉNÉRALE
ET ÉDITIONS D'ART

AHP

ATELIERS HENRI PELADAN

" LA CAPITELLE "

SOUS CES DEUX MARQUES

NOUS ÉDITONS

LITTÉRATURE GÉNÉRALE

LIVRES D'ART

OUVRAGES SCOLAIRES
ET TECHNIQUES

ATELIERS HENRI PELADAN

16, Place Albert-1er, Uzès

C. P. Marseille 82.37   Téléphone 41